英国皇家植物园
植物图谱 1

显花植物

[英] 大角星编辑部 编
后浪编辑部 译
刘 夙 校

北京联合出版公司
Beijing United Publishing Co.,Ltd.

本书全部插图均由英国皇家植物园（邱园）图书馆艺术藏品档案部提供。

特别感谢艺术与插画馆馆长林恩·帕克（Lynn Parker）以及《柯蒂斯植物学杂志》的编辑马丁·里克斯博士（Martyn Rix）为本书所做的工作。

衷心感谢科普作家——上海辰山植物园工程师刘夙先生为本书所做的专业词汇审校工作。

图书在版编目（CIP）数据

英国皇家植物园植物图谱 . 1, 显花植物 / 英国大角星编辑部编；后浪编辑部译；刘夙校 . — 北京：北京联合出版公司，2016.8
ISBN 978-7-5502-8324-4

Ⅰ . ①英… Ⅱ . ①英… ②后… ③刘… Ⅲ . ①种子植物—英国—图谱Ⅳ . ① Q948.556.1-64

中国版本图书馆 CIP 数据核字 (2016) 第 185298 号

英国皇家植物园植物图谱 1　显花植物

编　　者：[英] 大角星编辑部

译　　者：后浪编辑部

审　　校：刘　夙

选题策划：后浪出版公司

出版统筹：吴兴元

编辑统筹：蒋天飞

责任编辑：管　文

特约编辑：张丽捷

营销推广：ONEBOOK

装帧制造：墨白空间·王斑

北京联合出版公司出版
（北京市西城区德外大街 83 号楼 9 层　100088）
北京盛通印刷股份有限公司印刷　新华书店经销
字数 10 千字　889 毫米 ×1194 毫米　1/16　6 印张
2016 年 11 月第 1 版　2016 年 11 月第 1 次印刷
ISBN 978-7-5502-8324-4
定价：49.80 元

前　言

　　这本书中的插画都取自《柯蒂斯植物学杂志》（*Curtis's Botanical Magazine*）的档案，这份运营时间最长的期刊刊登世界各地的彩色植物插图。杂志由药剂师、植物学家威廉·柯蒂斯（William Curtis，1746—1799）于1787年创办，最初的名字叫作《植物学杂志》（*The Botanical Magazine*）。它不仅吸引了科学家们的关注，也吸引了许多绅士和小姐们的注意。他们想要了解众多新引进的观赏花卉的信息，这些花卉在有钱人和时髦人的花园里很流行。19世纪见证了植物收藏的繁荣，新发现的物种满足了维多利亚时期英国上层社会对异国情调的狂热。

　　每期杂志包括3张手工上色的铜版蚀刻版画，并配有文字介绍，包括按林奈法命名的植物名、属名和特征，以及植物学、园艺学和历史上的背景知识，还包括我们现在所称的保护方法、经济应用价值等。威廉·柯蒂斯要价每月1先令，很快就有了2000位订阅者。他委托熟练的艺术家制作刻版，杂志迅速取得了成功。直到1948年，图版都是通过手工上色的，后来因为缺少上色工，才用照相复制法制作。

　　威廉·柯蒂斯于1799年去世后，杂志更名为《柯蒂斯植物学杂志》。当威廉·杰克逊·胡克（William Jackson Hooker，1785—1865）从格拉斯哥大学南迁到皇家植物园当院长后，杂志于1841年开始由邱园制作。约瑟夫·达尔顿·胡克（Joseph Dalton Hooker，1817—1911）于1865年从父亲手中接过了编辑的任务，直至今天，杂志依旧由邱园的员工和艺术家们负责制作。

　　本书中的所有插画都是沃尔特·胡德·费奇（Walter Hood Fitch，1817—1892）的作品，沃尔特·胡德·费奇为这个杂志画了2700幅植物插画，在他一生中出版了超过10000幅插画。沃尔特·胡德·费奇的杰出才能是由格拉斯哥的一个磨坊主发现的，他在13岁时就给这个磨坊主当学徒绘制图案。他被介绍给了当时《柯蒂斯植物学杂志》的编辑和唯一的插图画家威廉·胡克，威廉·胡克在1841年被任命为皇家植物园园长的时候把年轻的沃尔特·胡德·费奇带到了邱园。因为和威廉·胡克的儿子约瑟夫·达尔顿·胡克的一次争吵，沃尔特·胡德·费奇在1877年辞职了。离开邱园后，费奇依旧是一名广受欢迎的植物画家。

　　书中包括44种耐寒植物的彩色图版以及它们相对应的黑白石版画，读者可以亲手为它们上色。最初的水彩画是对着实物写生的，所以可以确定读者完成的上色图是真实植物的精确再现。鉴定植物的一个关键因素，是它们最初出版时所用的名字，这可以在后面几页中找到。那些已经废弃的名字的现代名称通常可以在网上找到，在本书中亦以附录形式给出，读者还能在网上找到与原始图版相关的参考资料。

关键词

1 *Disa grandiflora*
萼距兰

2 *Impatiens repens*
蔓性凤仙花

3 *Grindelia grandiflora*
大花胶菀

4 *Lilium roseum*
芳香假百合

5 *Primula cortusoides*
指叶报春

6 *Gilia lutea*
深黄吉莉草

7 *Camellia rosaeflora*
玫瑰连蕊茶

8 *Aucuba japonica*
青木

9 *Rosa sericea*
绢毛蔷薇

10 *Chrysanthemum carinatum*
蒿子秆

11 *Impatiens flaccida*
萎软凤仙花

12 *Echinacea angustifolia*
狭叶松果菊

13 *Rhodanthe manglesii*
花笺菊

14 *Lewisia rediviva*
苦根露薇花

15 *Clomenocoma montana*
山橙菊

16 *Nolana lanceolata*
披针叶假茄

17 *Philadelphus hirsutus*
溪畔山梅花

18 *Lilium auratum*
天香百合

19 *Hibiscus huegelii*
丁香合柱槿

20 *Vieussieuxia fugax*
食用肖鸢尾

21 *Desmodium skinneri*
危地马拉山蚂蝗

22 *Micranthella candollei*
柔软蒂牡花

23 *Meconopsis aculeata*
皮刺绿绒蒿

24 *Delphinium brunonianum*
囊距翠雀

25 *Thladiantha dubia*
赤瓟

26 *Darwinia fimbriata*
粗糙长柱蜡花

27 *Aquilegia caerulea*
变色耧斗菜

28 *Acmena floribunda*
多花杯果木

29 *Sparaxis pulcherrima*
艳丽魔杖花

30 *Passiflora van-volxemii*
安蒂奥基亚西番莲

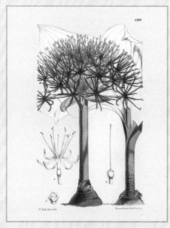

31 *Haemanthus tenuiflorus*
网球花

32 *Plagianthus lyallii*
山绶带木

33 *Gilia achillaeafolia*
蓍叶吉莉草

34 *Meconopsis nipalensis*
尼泊尔绿绒蒿

35 *Iris junceum*
灯芯草鸢尾

36 *Salvia rubescens*
烬火鼠尾草

37 *Pyrus prunifolia*
楸子

38 *Fritillaria tulipifolia*
郁金香叶贝母

39 *Scorzonera undulata*
波叶鸦葱

40 *Crocus byzantinus*
拜占庭番红花

41 *Primula parryi*
鼬味报春

42 *Tulipa orphanidea*
红焰郁金香

43 *Tulipa eichleri*
大红郁金香

44 *Coelogyne hookeriana*
毛唇独蒜兰

附录

部分植物拉丁文名更新表

4. *Lilium roseum* = *Notholirion thomsonianum*

10. *Chrysanthemum carinatum* = *Glebionis carinata*

19. *Hibiscus huegelii* = *Alyogyne huegelii*

20. *Vieussieuxia fugax* = *Moraea fugax*

22. *Micranthella candollei* = *Tibouchina mollis*

26. *Darwinia fimbriata* = *Darwinia squarrosa*

28. *Acmena floribunda* = *Angophora floribunda*

30. *Passiflora van-volxemii* = *Passiflora antioquiensis*

31. *Haemanthus tenuiflorus* = *Scadoxus multiflorus*

32. *Plagianthus lyallii* = *Hoheria lyallii*

33. *Gilia achillaeafolia* = *Gilia achilleifolia*

34. *Meconopsis nipalensis* = *Meconopsis napaulensis*

35. *Iris junceum* = *Iris juncea*

37. *Pyrus prunifolia* = *Malus prunifolia*

40. *Crocus byzantinus* = *Crocus serotinus* subsp. *salzmannii*

资料来源：中国自然标本馆（Chinese Field Herbarium, 简称 CFH）
植物标本信息系统

4073.

W. Fitch del.ᵗ

Pub. by S. Curtis Glenwood Essex, March 1.1844

Swan Sc

W. Fitch del.ᵗ   Pub. by S. Curtis Glazenwood Essex, March 1.1844   Swan Sc.

4404.

Fitch, del. et lith.

R, B & R, imp.

Fitch, del et lith.

R. B & R. imp.

Fitch, del. et lith.

Reeve & Nichols, imp.

Fitch del et lith.

Reeve & Nichols, imp.

1.

2.

3.

4725.

3.

2

1.

Fitch. del. et lith.

F. Reeve imp.

4725.

5528.

W. Fitch, del. et lith.

Vincent Brooks, Imp.

W. Fitch, del. et lith.

Vincent Brooks, Imp.

Fitch, del. et. lith.

F. Reeve, imp.

4735.

Fitch, del. et. lith.

F.Reeve, imp.

19

1.

W. Fitch del. et lith.

Vincent Brooks Imp.

W. Fitch del. et lith.

Vincent Brooks Imp.

1.

5512.

W. Fitch, del.et lith.

Vincent Brooks, Imp.

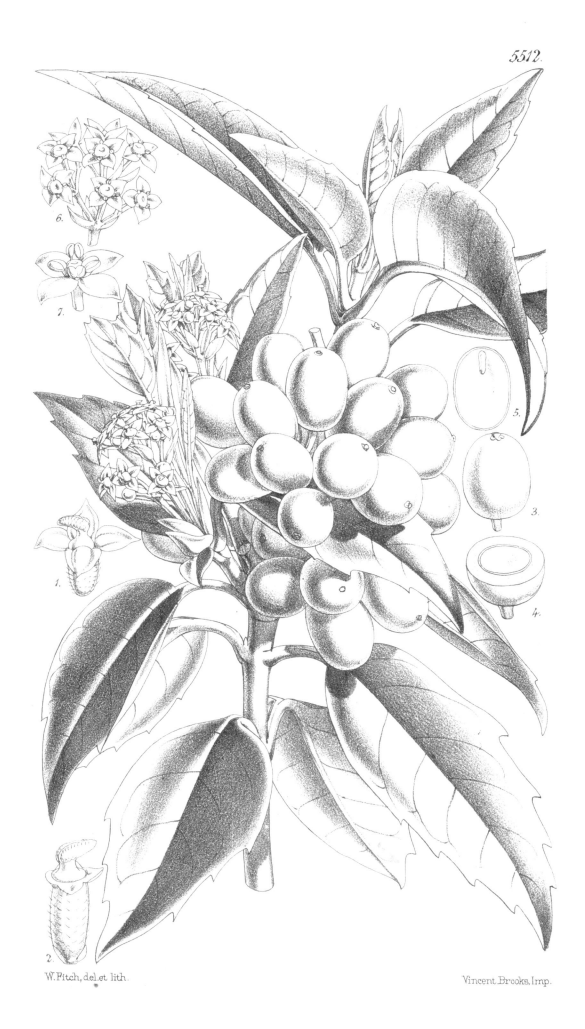

W. Fitch, del. et lith.

Vincent Brooks, Imp.

5200.

W. Fitch, del et lith.

Vincent Brooks, Imp

24

2.

1.

W. Fitch, del et lith.

Vincent Brooks, Imp

W.Fitch del. et lith.

Vincent Brooks,Imp.

W. Fitch del. et lith.

Vincent Brooks, Imp.

W.Fitch,del.et lith.

Vincent Brooks,Imp.

W. Fitch, del. et lith.

Vincent. Brooks, Imp

5281

W.Fitch,del.et lith.

Vincent Brooks,Imp.

W. Fitch, del. et lith.

Vincent Brooks, Imp.

5290.

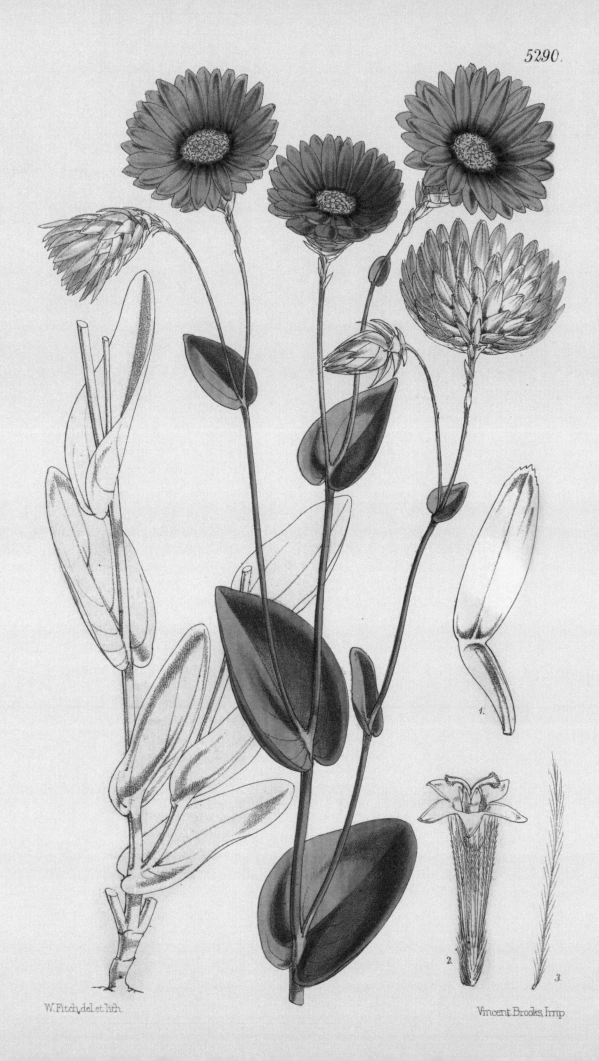

W. Fitch, del et lith.

Vincent Brooks, Imp

W.Fitch,del et lith.

Vincent Brooks, Imp

5395.

1

3

4

2

W.Fitch,del.et lith.

Vincent Brooks,Imp.

5395.

35

5310.

1.

2.

3.

4.

W.Fitch, del.et lith.

Vincent Brooks,Imp.

W.Fitch, del.et lith.

Vincent Brooks,Imp.

5027.

1.

2.

5027.

1.

2.

W. Fitch, del et lith.

Vincent Brooks, Imp.

5034

W. Fitch, del et lith.

Vincent Brooks, Imp.

5338.

W. Fitch, del. et lith.

Vincent Brooks, Imp.

W.Fitch, del et lith.

Vincent Brooks, Imp.

5406.

W. Fitch, del et lith.

Vincent Brooks, Imp.

W. Fitch, del et lith.

Vincent Brooks, Imp.

5438.

W.Fitch,del.et lith.

Vincent Brooks,Imp.

5438.

W.Fitch,del.et lith.

Vincent Brooks,Imp.

1.

2.

47

5452.

W.Fitch,del.et lith.

Vincent Brooks,Imp.

5452.

W. Fitch, del. et lith.

Vincent Brooks, Imp.

49

5455.

W. Fitch, del. et lith.

Vincent Brooks, Imp.

W. Fitch, del.et lith.

Vincent Brooks, Imp.

5456.

W.Fitch,del et lith.

Vincent.Brooks,Imp.

W. Fitch, del et lith.

Vincent Brooks, Imp.

5461.

W.Fitch, del. et lith.

Vincent Brooks, Imp.

W. Fitch, del. et lith.

Vincent Brooks, Imp.

5469.

1.

2.

3.

4.

8.   7.   6.   5.

W.Fitch.del et lith.

Vincent Brooks,Imp.

W. Fitch del. et lith.

Vincent Brooks, Imp.

5468.

W. Fitch, del. et lith.

Vincent Brooks, Imp.

4.   5.   1.   2.   3.

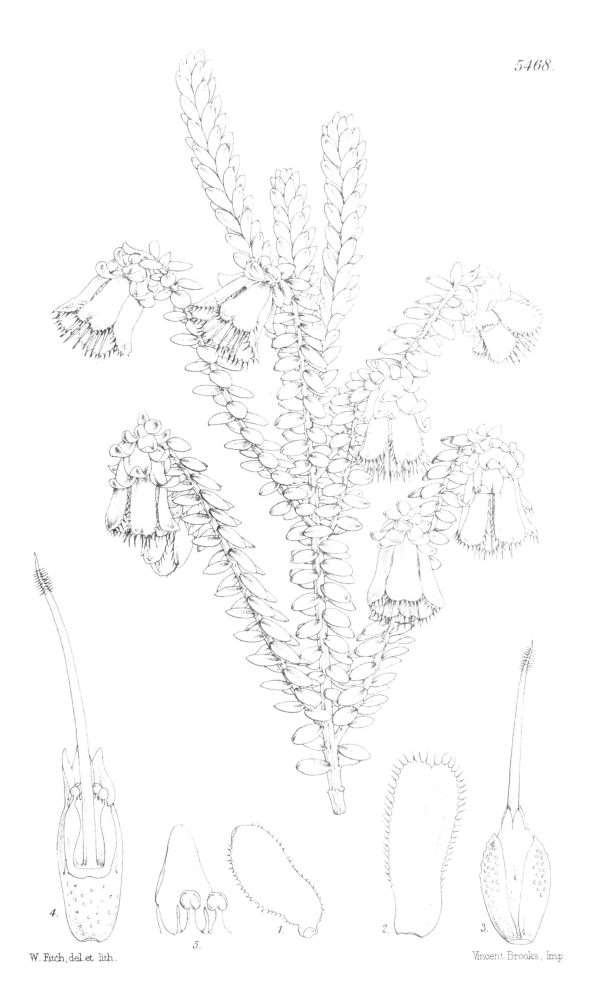

5468.

W. Fitch, del. et lith.

Vincent Brooks, Imp.

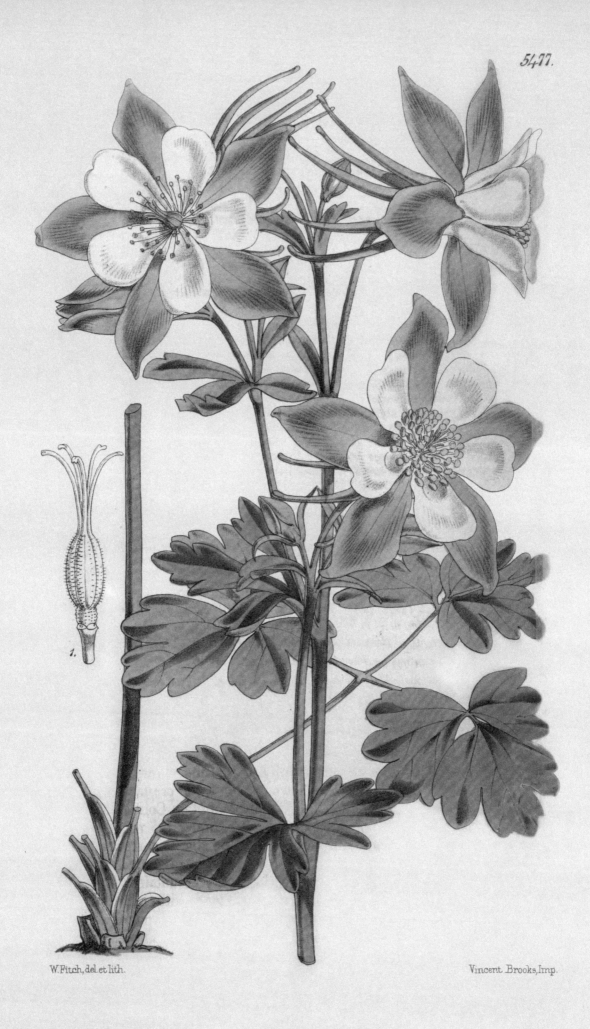

5477.

1.

W. Fitch, del. et lith.

Vincent Brooks, Imp.

W.Fitch, del et lith.

Vincent Brooks,Imp.

28

5480.

W.Fitch, del. et lith.

Vincent Brooks, Imp.

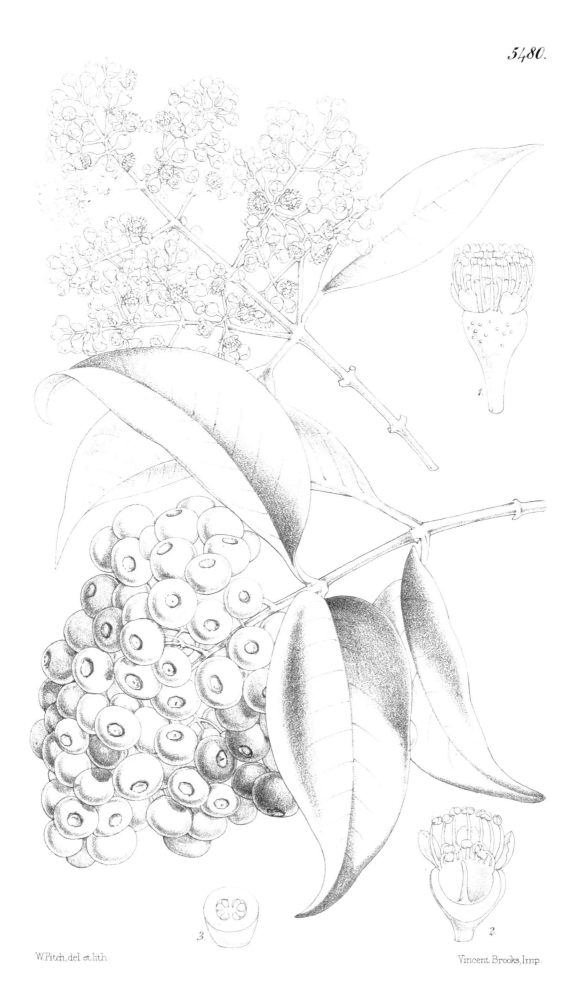

W.Fitch, del et.lith.

Vincent Brooks, Imp.

5555.

5.

6.

1.

2. 4. 3.

W. Fitch, del. et lith.

Vincent Brooks, Imp.

W. Fitch, del. et lith.

Vincent Brooks, Imp.

5571.

W.Fitch, del.et lith.

Vincent Brooks, Imp.

W.Fitch,del.et lith.

Vincent Brooks,Imp.

1.

3.

2.

W. Fitch, del et lith.

Vincent Brooks, Day & Son, Imp.

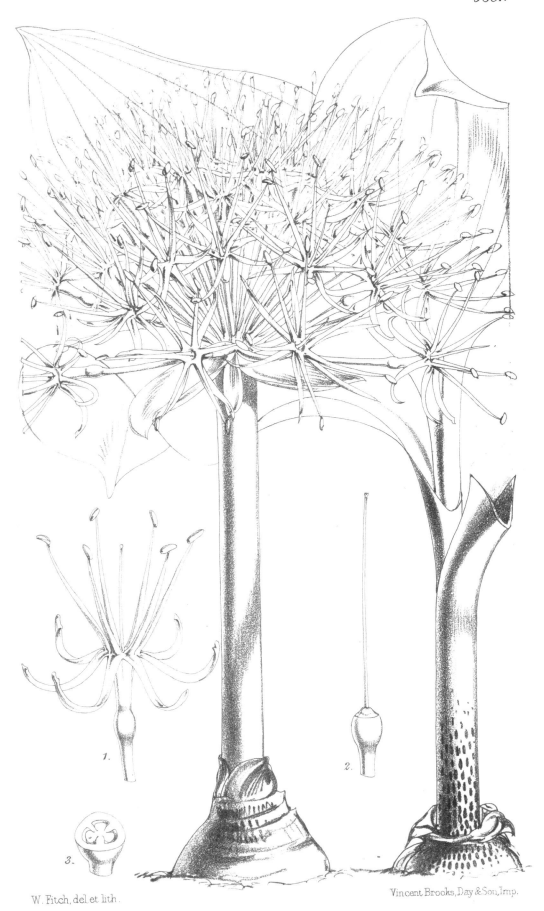

W. Fitch, del. et lith.

Vincent Brooks, Day & Son, Imp.

W. Fitch, del. et lith.

Vincent Brooks, Day & Son, Imp.

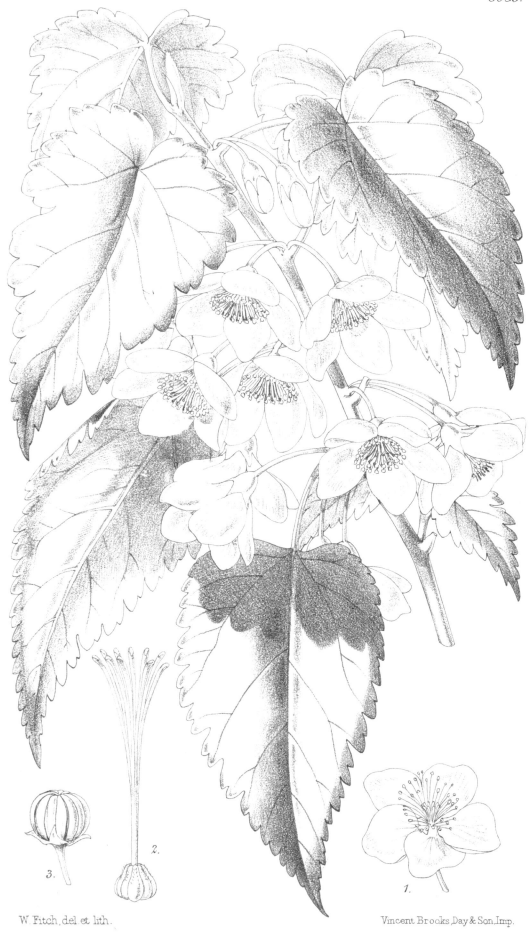

W. Fitch, del. et lith.

Vincent Brooks, Day & Son, Imp.

5939.

W. Fitch, del. et lith.

Vincent Brooks, Day & Son, Imp.

W. Fitch, del, et lith.

Vincent Brooks, Day & Son, Imp.

5585.

W. Fitch del. et lith.

Vincent Brooks Imp.

1. 2.

W.Fitch del et lith.

Vincent Brooks Imp

5890.

1.

W. Fitch, del. et lith.

Vincent Brooks, Day & Son, Imp.

W. Fitch, del. et lith.

Vincent Brooks, Day & Son, Imp.

1.

5947

3

1

2

4

W.Fitch, del et lith.

Vincent Brooks Day & Son, Imp

W. Fitch, del et lith.

Vincent Brooks Day & Son Imp

W Fitch, del et Lith.

Vincent Brooks Day & Son Imp

Vincent Brooks Day & Son Imp

W. Fitch, del et lith.

Vincent Brooks Day & Son, Imp.

5969.

W.Fitch, del et lith.

Vincent Brooks Day & Son,Imp.

W.Fitch, del et lith

Vincent Brooks Day & Son,Imp.

2

1

W.Fitch, del et lith.

Vincent Brooks Day & Son,Imp.

2

1

1

2

W.Fitch, del et lith.

Vincent Brooks Day & Son, Imp.

1

2

W.Fitch, del et lith.

Vincent Brooks Day & Son, Imp.

6185.

W. Fitch del et lith

Vincent. Brooks Day & Son Imp

Vincent Brooks Day & Son Imp

6310

W. Fitch. del. et lith.

Vincent Brooks Day & Son Imp.

1

6310

6191

W.Fitch, del.et lith.

Vincent Brooks,Day & Son,Imp.

W. Fitch, del. et lith

Vincent Brooks, Day & Son, Imp.

1.

2.

6388.

1.

2.

F.H.W. del. J.Nugent Fitch Lith.

Vincent Brooks Day & Son Imp

95